Sitzungsberichte
der Akademie der Wissenschaften
der DDR
Mathematik – Naturwissenschaften – Technik

2 N

1977

Günter Vojta

75 Jahre Plancksches Wirkungsquantum

Hans Joachim Spangenberg

70 Jahre III. Wärmesatz

AKADEMIE-VERLAG · BERLIN

Sitzungsberichte
der Akademie der Wissenschaften
der DDR
Mathematik — Naturwissenschaften — Technik

Jahrgang 1977 · Nr. 2/N

Günter Vojta

75 Jahre Plancksches Wirkungsquantum

Hans-Joachim Spangenberg

70 Jahre III. Wärmesatz – eine Betrachtung aus chemischer Sicht

AKADEMIE-VERLAG · BERLIN
1977

Vorträge gehalten in der gemeinsamen Sitzung der Klassen Chemie und Physik am 18. Dezember 1975 von Günter Vojta, Ordentliches Mitglied der Akademie der Wissenschaften der DDR und Prof. Dr. rer. nat. Hans-Joachim Spangenberg, Zentralinstitut für physikalische Chemie der Akademie der Wissenschaften der DDR

Herausgegeben im Auftrage
des Präsidenten der Akademie
der Wissenschaften der DDR
von Vizepräsident Prof. Dr. Heinrich Scheel

Erschienen im Akademie-Verlag, 108 Berlin, Leipziger Straße 3—4

Lizenznummer: 202 · 100/245 77
Gesamtherstellung: VEB Druckhaus Köthen
Bestellnummer: 753 314 6 (2010/77/2/N) · LSV 1115
Printed in GDR
DDR 3,— M

Günter Vojta

75 Jahre Plancksches Wirkungsquantum

Einleitung

Das Jubiläum „75 Jahre Plancksches Wirkungsquantum" ist bestimmt ein gewichtiger Anlaß, Festkolloquien zu veranstalten und Gedenkreden zu halten. Im Rahmen des Festkolloquiums unserer Akademie wurden schon in einer Reihe von Vorträgen historische, physikalische und physikalisch-technische Aspekte der Planckschen Entdeckung gewürdigt. Es bleibt die Aufgabe, noch einmal wichtige Fakten über den Entwicklungsstand und die Bedeutung der Quantenphysik zusammenzufassen und etwas zu den Themen Quantentheorie und Chemie sowie Quantentheorie und Biologie zu sagen.

Die zu behandelnden Themenkreise sind im folgenden Schema etwa nach ihrer historischen Entwicklung und nach zunehmender Komplexität geordnet:

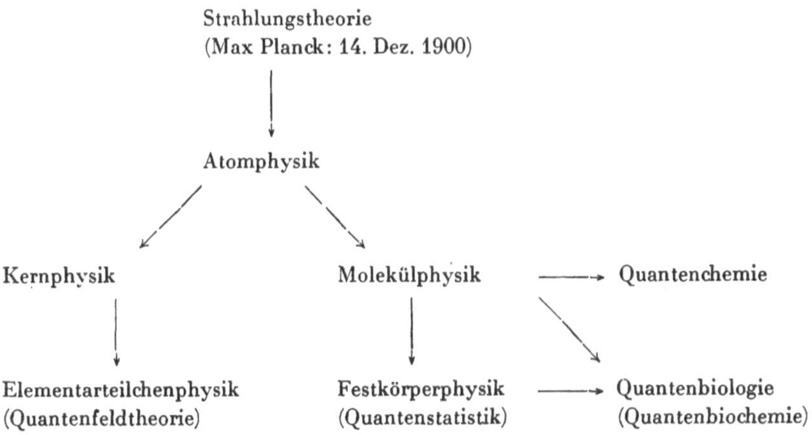

Natürlich ist diese Einteilung sehr grob. So spielen heute Konzeptionen und Methoden der Quantenfeldtheorie in der Festkörperphysik und allgemeiner in der Theorie der kondensierten Materie eine große Rolle; die Festkörperphysik ist nicht nur Quantenphysik; Methoden der Quantenstatistik sind auch für Systeme aus vielen Elementarteilchen, für Atomkerne als Vielnukleonensysteme, für Atome und Moleküle als Vielelektronensysteme und für Systeme der Molekularbiophysik

(Biopolymere) wichtig geworden; schließlich erschöpft sich das Gebiet der Quantenbiologie keinesfalls in der Quantenbiochemie, d. h. der Quantenchemie von Biopolymeren und anderen biologisch relevanten Molekülen.

Auf allen Gebieten dieses Schemas aber wird nach wie vor theoretische und experimentelle Forschungsarbeit mit großer Intensität getrieben; auch das ist ein Zeichen für die tiefgreifenden und erfolgreichen Umwälzungen, die durch die PLANCKsche Entdeckung des Wirkungsquantums in den Naturwissenschaften hervorgerufen worden sind.

Insbesondere in der Physik ist eine Revolution abgelaufen, die faszinierende Entwicklungen auf zahlreichen Gebieten mit sich brachte und neue Gebiete überhaupt erst erschloß, so daß wir heute schon über viele der feinsten Details der Struktur der stofflichen Materie Bescheid wissen, und zwar in großer Breite und mit entsprechenden Auswirkungen auf die Technik. (Noch vor 70 Jahren galt die Existenz der Atome keineswegs als gesichert!) Man braucht hier nur etwa an das Gebiet der Halbleiterphysik und Halbleiterelektronik zu erinnern oder die Begriffe Laser oder MÖSSBAUER-Effekt zu nennen. Auch auf die Erkenntnistheorie und die Philosophie insgesamt hatte die quantenphysikalische Revolution einen nachhaltigen Einfluß.

Durch die Kraft der Quantentheorie wurden auch zahlreiche interessante Voraussagen möglich, z. B. die der Existenz des Positrons (durch DIRAC), des Kernspin-Resonanzeffektes oder der JOSEPHSON-Effekte der Supraleitung, durch deren Ausnutzung mit sogenannten Quanteninterferometern verschiedener Wirkungsweise man heute z. B.

elektrische Spannungen bis 10^{-18} V,
magnetische Flüsse bis 10^{-17} Vs und
elektromagnetische Eingangsleistungen bis 10^{-20} W
(bei abstimmbaren Empfängern unterhalb 10^{12} Hz)

messen kann. Das ist auch ein Beispiel für die gewaltigen Fortschritte in der experimentellen Technik, die durch die Quantentheorie initiiert worden sind. Hier muß weiter auch die Revolution in der chemischen Analytik genannt werden, die in den letzten Jahrzehnten durch immer stärkeres Eindringen neuer, auf der Quantenphysik beruhender Methoden in die chemischen Laboratorien ausgelöst wurde. —

Das theoretische Gebäude der (nichtrelativistischen) Quantenmechanik wurde verschiedenen Axiomatisierungsversuchen unterworfen, die aber nicht in jeder Hinsicht einwandfrei sind und oft nur mathematische Strenge vortäuschen, indem sie prinzipielle physikalische Probleme (Reihenfolge von quantenmechanischen Operatoren, Konzept der Quantensprünge, quantenmechanischer Meßprozeß u. a.) überspielen; hierzu gehört auch der umstrittene Begriff der Quantenlogik. Heute werden die Grundlagen der Quantenmechanik, insbesondere der Meßprozeß, wieder stark diskutiert, und es ist auch wahrscheinlich, daß in der Elementarteilchenphysik die Gültigkeitsgrenzen der heutigen Quantentheorie erreicht sind.

Man kann die fundamentalen Ergebnisse der Quantenmechanik etwa in den folgenden beiden Punkten zusammenfassen:

1. Der Quantenzustand eines Systems, d. h. der mit den Begriffen der Quantenmechanik auf atomarer Ebene festgelegte Zustand, ist ein physikalisch wohldefinierter, unteilbarer Zustand, der das System unter vorgegebenen Bedingungen charakterisiert. Jedoch sind die Ergebnisse physikalischer Messungen am System im allgemeinen nur mit Wahrscheinlichkeitsverteilungen zu beschreiben. Die (im Prinzip) exakte Vorhersagbarkeit von Meßergebnissen, wie sie die klassische Physik fordert, ist also nicht mehr gegeben.

2. Die physikalischen Erscheinungen und Prozesse auf atomarer Ebene werden durch charakteristische Zahlenwerte der relevanten physikalischen Größen wie Länge, Drehimpuls oder Energie beherrscht. So erstrecken sich Elektronenwellenfunktionen bei elektrostatischer Elektron-Kern-Wechselwirkung im H-Atom im wesentlichen über ein Gebiet, dessen Radius von der Größenordnung des Bohrschen Radius

$$a_b = \bar{h}^2/me^2 \tag{1}$$

ist, und die Energien dieser Elektronen sind von der Größenordnung der Rydberg-Energie

$$R = me^4/2\,\bar{h}^2; \tag{2}$$

hierbei ist

$\bar{h} = h/2\pi$: Plancksches Wirkungsquantum
m: Ruhmasse des Elektrons
e: Elementarladung.

Die atomaren Größen werden so auf die fundamentalen Naturkonstanten zurückgeführt.

Heute kann man nach V. F. Weisskopf zwei Fronten unterscheiden, an denen die theoretische und experimentelle Forschung weiter in Neuland vorstößt, nämlich eine äußere Front und eine innere Front.

1. Die äußere Front der Physik bewegt sich bei Objekten, die offenbar nicht mehr durch die bloße elektromagnetische Wechselwirkung zwischen geladenen Teilchen zu erklären sind. Dazu gehören Atomkerne und Elementarteilchen sowie andererseits Objekte der Astrophysik wie Quasare, Pulsare und explodierende Galaxien. Die wirksamen physikalischen Prinzipien sind hier weitgehend unbekannt: die Natur der Kernkräfte, das Wesen der sogenannten schwachen Wechselwirkung zwischen den Elementarteilchen, die insbesondere Hadronen und Leptonen koppelt, und die Natur der vielfältigen neuen Elementarteilchen überhaupt; andererseits der Charakter der Elementarprozesse der Astrophysik.

2. Die innere Front der Physik betrifft Vielteilchensysteme, die als Aggregate von Atomen zweifellos den bekannten Prinzipien der Quantenmechanik gehorchen, aber — wegen ihrer Komplexität — in ihrer Struktur und ihrem Verhalten noch weitgehend unverstanden sind. Dazu gehören z. B. Gasplasmen, Festkörper mit Realstruktur, insbesondere amorphe Systeme, und schließlich Makromole-

küle, insbesondere Biopolymere und Membranstrukturen, die für alle Formen des Lebens entscheidend wichtig sind. Diese Systeme zeichnen sich durch das Auftreten neuer kooperativer Observablen (kollektiver Freiheitsgrade) und nichtlineares Verhalten aus, wodurch qualitativ neue Erscheinungen möglich werden.

Es sollen nunmehr folgende Themenkreise im einzelnen diskutiert werden:

1. Kernphysik und Elementarteilchenphysik
2. Atomphysik und Molekülphysik
3. Festkörperphysik
4. Quantenmechanische Tunneleffekte
5. Quantenstatistik
6. Quantenphysik und Chemie
7. Quantenphysik und Biologie

1. Kernphysik und Elementarteilchenphysik

Die historischen Ausgangspunkte der Quantentheorie waren Strahlungsphysik und Atomphysik. Das Problem der Atomphysik insbesondere ist die Bewegung der Elektronen im elektrischen Feld des Atomkerns, der wegen seines sehr geringen Radius von etwa 10^{-13} cm als Massenpunkt ohne innere Struktur aufgefaßt werden kann. Genauer gesagt spielen die inneren Freiheitsgrade und damit die Eigendynamik des Atomkerns deshalb keine Rolle, weil die Anregungsenergien der Kernkonstituenten, der Protonen und Neutronen, viel höher sind als die Energien der Elektronen im Atom. Das zeigt folgende Abschätzung, die sich auf eine wichtige quantenmechanische Relation zwischen der „inneren" Energie und der räumlichen Ausdehnung eines Systems gründet. Der Bahndrehimpuls L etwa eines Protons ist

$$L \approx p \cdot r \leq \bar{h} \tag{3}$$

(p: Translationsimpuls, r: Bahnradius), seine kinetische Energie (Rotationsenergie) beträgt

$$E_{kin} = \frac{2J}{1} L^2 \geqq \frac{1}{2mr^2} \bar{h}^2 \tag{4}$$

(J: Trägheitsmoment, m: Masse). Mit $r \approx 10^{-13}$ cm ergibt sich eine Energie $E_{kin} > 1$ MeV, während die elektronischen Anregungsenergien in der Größenordnung eV liegen.

Die Nukleonen werden durch eine neue Art von Kräften zusammengehalten, die von kurzer Reichweite und sehr viel stärker als elektromagnetische Kräfte sein müssen: die Kernkräfte, über deren Natur (wie erwähnt) bis heute nichts bekannt ist. Man kann trotzdem Kernphysik treiben, wenn man den Verlauf des Potentials der Kernkräfte als empirisch gegeben annimmt; dann stellen die Nukleonen eines Kerns ein typisches quantenmechanisches System mit im wesentlichen anziehenden Kräften dar, das auf der Grundlage etwa der SCHRÖDINGER-Gleichung behandelt werden kann.

Es zeigen sich zahlreiche Ähnlichkeiten zwischen der Quantenmechanik des Kerns (vgl. z. B. das Schalenmodell der Kerns!) und der eines Atoms oder einfachen Moleküls. So gibt es für Kerne wie für Moleküle Rotations- und Schwingungsspektren. Andererseits sind große Kerne (mit Atommassen $A > 250$) im Gegensatz zu großen Molekülen wegen der positiven Protonenladung instabil. Neben den Kernkräften treten die schon erwähnten schwachen Wechselwirkungen neu im Bereich der Kernphysik auf. Sie äußern sich beim radioaktiven Zerfall, z. B. beim Zerfall eines Neutrons in ein Proton, ein Elektron und ein Antineutrino; sie bedingen die relativ lange Lebensdauer des Neutrons (12 Min.).

Die strenge Theorie von Systemen mit hohen Energien, in denen Teilchen mit Geschwindigkeiten nahe der Lichtgeschwindigkeit auftreten, sollte die relativistische Quantenmechanik sein. Für ein Einteilchenproblem mit einem statischen Kraftfeld, nämlich für das Elektron eines H-Atoms, ist eine solche Theorie 1927 von DIRAC auf intuitive Weise gefunden worden; sie beschreibt beobachtete relativistische Effekte wie die Feinstruktur recht gut und führte überdies zu dem fundamentalen Konzept des Positrons als Antielektron und zur Antimaterie sowie, damit zusammenhängend, zum Konzept der Teilchenerzeugung und -vernichtung. Bei der Formulierung einer strengen relativistischen Quantenmechanik mit Einschluß zeitabhängiger Felder oder für mehrere wechselwirkende Teilchen ergeben sich tiefliegende prinzipielle Schwierigkeiten, die durch die endliche Ausbreitungsgeschwindigkeit der Kräfte bedingt sind und bis heute nicht überwunden werden konnten. Das gilt erst recht für Vielteilchensysteme, d. h. für die relativistische Quantenstatistik.

Wendet man die Konzeptionen der Quantenmechanik, insbesondere den Begriff der Quantisierung, auf die Kraftfelder selbst an — besonders auf das elektromagnetische Feld oder das Kernkraftfeld —, so erhält man die Quantenfeldtheorie. Die Feldquanten sind dann physikalische Teilchen, nämlich die Photonen für das elektromagnetische Feld oder die Mesonen für das Kernkraftfeld. Am erfolgreichsten war bisher die Quantentheorie des elektromagnetischen Feldes, die sogenannte Quantenelektrodynamik. Besonders unsicher sind Versuche zur Quantisierung des Gravitationsfeldes, die zum Konzept der Gravitonen als Feldquanten führen.

Jedoch auch die Quantenelektrodynamik birgt fundamentale Schwierigkeiten, die mit dem Problem der elektromagnetischen Selbstenergie eines geladenen Teilchens, seiner effektiven Ladung und seiner Masse zusammenhängen. Die innere Struktur etwa des Elektrons ist ja bis heute unbekannt, und es erhebt sich eher die Frage, inwieweit man einen Strukturbegriff überhaupt auf ein elementares Teilchen wie das Elektron anwenden kann. Ein unendlich kleines geladenes Teilchen, d. h. eine Punktladung, muß eine unendlich große Selbstenergie haben, da die Energie des COULOMB-Feldes ($\sim 1/r$) in unmittelbarer Nachbarschaft des Punktes ($r \to 0$) unendlich groß wird. Ein Teilchen endlicher Ausdehnung andererseits bringt prinzipielle Schwierigkeiten in der relativistischen Theorie mit sich.

Die Schwierigkeiten der Quantenelektrodynamik (und jeder anderen Quantenfeldtheorie) sind bis heute nicht gelöst, wenn man auch einen mathematischen Kunstgriff, die Renormierungstechnik, gefunden und ausgebaut hat, mit dem man die meisten praktischen Probleme rechnerisch mehr oder weniger gut bearbeiten kann — abgesehen von der Berechnung der Selbstenergien und damit zusammenhängender Größen, insbesondere der Ruhmassen und der effektiven Ladungen der Teilchen. Besonders im Rahmen der Quantenelektrodynamik hat man sehr erfolgreich etwa Korrekturen zum Diracschen relativistischen Wert des magnetischen Moments des Elektrons sowie kleine Verschiebungen der Elektronenenergieniveaus des H-Atoms (Lamb-Verschiebung) berechnen können, die mit Präzisionsmessungen ausgezeichnet übereinstimmen.

Ein großes Feld heute noch weitgehend unverstandener Erscheinungen bietet die Elementarteilchenphysik (oder „Hochenergiephysik"), in der Teilchen riesiger Energien untersucht werden. Bis zuletzt wurden immer neue Teilchen entdeckt, die sich auf verschiedenste Weise ineinander umwandeln und tieferen theoretischen Erklärungsversuchen widerstehen. Offensichtlich ist man hier an den Grenzen der Quantenmechanik und Quantenfeldtheorie angelangt (obwohl man auch das nicht genau weiß). Die sehr intensive Forschung auf diesem Gebiet wird bestimmt irgendwann neuartige fundamentale Erkenntnisse liefern. Eine neue (noch kaum sichtbare) Theorie wird jedoch die heutige Quantentheorie als Spezialfall für „kleine" Teilchenenergien mit umfassen müssen.

2. *Atomphysik und Molekülphysik*

Auf dem Gebiet der Theorie einfacher Atome und Moleküle hat die Quantenmechanik (in der Form der Schrödingerschen Wellenmechanik) ihre ersten großen Erfolge errungen. Das Bohrsche Atommodell konnte das Spektrum des H-Atoms recht gut beschreiben, aber bereits das Heliumatom widerstand allen quantitativen Erklärungsversuchen auf der Grundlage der Bohr-Sommerfeldschen Quantisierungsregeln. Erst mit der Quantenmechanik kann man Mehrelektronensysteme korrekt behandeln, wobei das Pauli-Prinzip als Antisymmetrieforderung für die Gesamtwellenfunktion des Elektronensystems eine entscheidende Rolle spielt.

Ein großer Erfolg war die Erklärung des Periodensystems der chemischen Elemente durch ihren Atombau. Es ist bemerkenswert, daß bereits 1922 Niels Bohr intuitiv eine in den wesentlichen Zügen richtige Interpretation der Perioden lieferte, obwohl ihm weder die Quantenmechanik noch das Pauli-Prinzip zur Verfügung standen.

Heute ist die Atomphysik ein Forschungsgebiet, in dem vor allem Prozeßabläufe wie z. B. Atom-Elektron-Streuung, Atom-Atom-Streuung und weitere Streuprozesse untersucht werden. Die Struktur, die Dynamik und die Spektren aller Atome sind theoretisch gut verstanden, und beliebige Probleme können mit ausreichender Genauigkeit numerisch gelöst werden.

Die Situation ist etwas anders in der Quantenmechanik der Moleküle. Durch das Wechselspiel von Elektronen- und Kernbewegungen im Molekül, d. h. durch die Existenz von Kopplungen zwischen den elektronischen, den Rotations- und den verschiedenartigen Schwingungsfreiheitsgraden werden sowohl die elektronische Struktur wie auch das dynamische Verhalten eines Moleküls in äußeren elektromagnetischen Feldern kompliziert. Bis heute kann man — je nach der Molekülsymmetrie — nur kleinere bis mittlere Moleküle mit erträglichem Rechenaufwand behandeln, wobei insbesondere die verschiedenen Molekülspektren einschließlich der Form der Spektrallinien (oder Banden) von Interesse sind. Die Molekül-Quantenmechanik ist als Quantenchemie (im engeren Sinne) heute ein eigenes umfangreiches Forschungsgebiet, das unten noch gesondert behandelt wird.

3. Festkörperphysik

Ein Festkörper als Gebilde aus ungeheuer vielen Elektronen und Atomkernen ist ein System, das im Prinzip nur mit den Methoden der Quantenstatistik beschrieben werden kann. Die Elektronenkorrelation ist z. B. grundlegend für die Phänomene des Ferromagnetismus, der Plasmaschwingungen in Metallen und Halbleitern (mit Plasmonen als entsprechenden Quasiteilchen) und der Supraleitung. Die Theorie der Vielfachstreuung spielt eine wichtige Rolle bei der Berechnung der elektronischen Struktur und der elektronischen Eigenschaften von Legierungen im Rahmen der Methode des kohärenten Potentials (dabei sind „Legierungen“ Modellsysteme mit einem idealen Kristallgitter, auf dessen Gitterpunkte die Atome zweier oder mehrerer Komponenten unregelmäßig verteilt sind). Darüber hinaus werden zur Untersuchung feinerer Details der Festkörperstruktur zunehmend Vielteilchenmethoden angewandt, die zum großen Teil aus der Quantenfeldtheorie stammen.

In der historischen Entwicklung wurde jedoch die Festkörper-Quantenmechanik weitgehend durch eine Einteilchentheorie beherrscht, in der die möglichen Zustände eines einzelnen Elektrons — das dem Pauli-Prinzip und damit der Fermi-Statistik unterliegt — untersucht werden. Diese Einteilchentheorie, bei der also alle Effekte der Elektronenkorrelation unberücksichtigt bleiben, ist das Bändermodell des Festkörpers. Trotz seiner Einfachheit hat es eine ungeheure Fülle experimenteller Fakten zum elektrischen, magnetischen und optischen Verhalten von Metallen, Halbleitern und Isolatoren erklären und teilweise voraussagen können und ist die theoretische Grundlage der Halbleiterelektronik geworden. Heute gibt es bereits Lehrbücher der Quantenmechanik und „Quantenelektronik“ speziell für Ingenieure, in denen das Bändermodell im Vordergrund steht.

In der modernen Festkörpertheorie werden ausgehend vom Idealkristall unter

Einsatz der Quantenmechanik und Quantenstatistik zunehmend kompliziertere Systeme untersucht. Dazu gehören Legierungen, amorphe Festkörper (wobei dieser Begriff nur schwierig genauer zu definieren ist), molekulare Festkörper (besonders organische Kristalle) sowie dünne Schichten (Filme) und Grenzflächen. Gerade die Grenzflächenphysik und -chemie nimmt in den letzten Jahren theoretisch und experimentell einen großen Aufschwung; das entspricht ihrer umfassenden Bedeutung für die verschiedensten Probleme wie Kristallzüchtung, Korrosion oder Katalyse. Weiter ist der gesamte Bereich der Phasenumwandlungen (speziell innerhalb fester Phasen) als ein hochaktuelles Gebiet der Forschung zu nennen, auf dem in den letzten Jahren zahlreiche wichtige Fortschritte der Theorie erreicht worden sind.

Wenn auch die Festkörpertheorie ein Hauptanwendungsgebiet der Quantenmechanik darstellt, so ist doch nicht alle Festkörperphysik auch Quantenphysik. Insbesondere wird das mechanische Verhalten der Festkörper meist von ihrer Realstruktur bestimmt, d. h. von der Art, Dichte und Anordnung der Versetzungen, von der mikrokristallinen Struktur, von den Korngrenzen u. a. Diese Strukturelemente gehören nicht der atomaren Ebene an, obwohl natürlich letzten Endes die elektronische Struktur und damit die Quantenmechanik alles Festkörperverhalten bestimmen; praktisch aber läßt sich hier mit einer quantenmechanischen Theorie des realen Festkörpers, d. h. einer Theorie aus ersten Prinzipien, nichts anfangen. Vielmehr ist eine kontinuumsmechanische Theorie oder besser eine statistische Kontinuumsmechanik eher zuständig, d. h. eine klassische, nichtquantenmechanische Theorie.

4. *Quantenmechanische Tunneleffekte*

Um zu zeigen, in welch vielfältiger Weise die Quantenmechanik in der naturwissenschaftlichen Forschung, in der Technik und im Naturgeschehen selbst wirksam wird, sei nachstehend eine (unvollständige) Liste der Erscheinungen angegeben, bei denen ein typischer Quanteneffekt, nämlich der Tunneleffekt, auftritt. Diese Erscheinungen sind mehr oder weniger wichtig und befinden sich teilweise noch in der Diskussion (z. B. II. 3, II. 5, IV), teilweise hat ihre Untersuchung und Ausnutzung zum Nobel-Preis geführt (II. 2, II. 7, II. 8).

I. Historische Entwicklung

1. Spontane Kernspaltung (α-Zerfall), Gamow 1928.
2. Feldemission (kalte Emission) von Elektronen aus Festkörpern durch sehr starke elektrische Felder, Fowler-Nordheim-Theorie 1928.
3. Autoionisation von Gasatomen in elektrischen Feldern, entsprechend Prädissoziation von Molekülen, Oppenheimer 1928.

II. Elektronentunneln

1. Kontakttunneln durch Isolatorschichten.
2. Tunneldiode (Esaki-Diode), eine Halbleiterdiode mit steilem *p-n*-Übergang.
3. Innere Feldemission, Zwischenbandtunneln (ZENER-Effekt).
4. Elektronentunneln zwischen lokalisierten Elektronenzuständen (wahrscheinlich maßgebend für die elektrische Leitfähigkeit von Bor, von gewissen amorphen Halbleitern).
5. Tunneln von kleinen Polaronen, d. h. Elektronen mit umgebender Phononenwolke (verantwortlich für den Ladungstransport in organischen und biologischen Halbleitern?).
6. Magnetischer Durchbruch (Zwischenbandtunneln von Elektronen in einem starken äußeren Magnetfeld, Überspringen zwischen Zyklotronbahnen).
7. Einelektron-Tunneln bei Supraleitern.
8. Elektronenpaar-Tunneln bei Supraleitern (JOSEPHSON-Effekte).

III. Protonentunneln, Atomtunneln

1. Tunneln in reinen Quantenkristallen (He, H_2).
2. Diffusion in dotierten Quantenkristallen (z. B. ^4He in festem ^3He-Gerüst: Massenfluktuationswellen mit Impuritonen als zugehörigen Quasiteilchen).
3. Protonentunneln in Wasserstoffbrückenbindungen (Wasser, Säuren, Basen; Proteine. DNS — Genmutationen?).
4. Elektrische Leitfähigkeit des Eises durch Protonentunneln.
5. Protonentunneln bei Phasenumwandlungen in Ferroelektrika vom KDP-Typ (KH_2PO_4).
6. Inversion von Ammoniak.
7. Gehemmte Rotation von Atomgruppen, insbesondere $—CH_3$, in Molekülen durch Protonentunneln (NMR-Experimente zur Protonenspin-Gitter-Relaxation).
8. Gehemmte Rotation von Molekülen (H_2) in Molekülkristallen, von adsorbierten Molekülen.
9. Atomtunneln von Fremdatomen (z. B. Li in KCl).
10. Chemische Reaktionskinetik (Protonentunneln liefert meist nur kleine Anteile zu Protonenübertragungsreaktionen oder taumeren Umwandlungen).
11. Resonanztunneln im Übergangskomplex bei chemischen Reaktionen.

IV. Kompliziertere Tunneleffekte

1. Inelastisches Atomtunneln als Mechanismus der viskoelastischen Relaxation in Polymeren bei tiefen Temperaturen.
2. Tunneln von ganzen Versetzungen als Mechanismus für plastisches Fließen bei tiefen Temperaturen.
3. BLOCHWAND-Tunneln in Ferromagnetika.

5. Quantenstatistik

Die Quantenstatistik als die allgemeine Theorie quantenmechanischer Systeme aus sehr vielen Teilchen hat seit ihrer Begründung durch BOSE, EINSTEIN, FERMI und DIRAC eine umfassende Entwicklung erlebt. Gerade in den letzten Jahren konnten durch die Modifizierung quantenfeldtheoretischer Verfahren (Konzeption der thermodynamischen GREENschen Funktionen, FEYNMANsche Graphentechnik in der Störungstheorie) und durch breiten Einsatz umfassender mathematischer Methoden (Projektionsoperator-Methoden, funktionale Methoden) wesentliche Fortschritte sowohl im Ausbau der allgemeinen Theorie wie auch bei der detaillierten Untersuchung konkreter Systeme erzielt werden. Das gilt für die Gleichgewichtsstatistik — die eigentliche statistische Thermodynamik — und besonders für die Statistik irreversibler Prozesse (d. s. Transportprozesse, Relaxationsprozesse und chemische Prozesse). Darüber hinaus spielen heute Konzeptionen und Methoden der Quantenstatistik eine wichtige Rolle in der Kerntheorie, der Elementarteilchentheorie (z. B. in der phänomenologischen Theorie der Pionenproduktion) und andererseits in der Quantenchemie größerer Moleküle; hier versteht man unter Vielteilchentheorie wie in der Festkörperphysik den Grenzfall $T \to 0$ der Quantenstatistik.

Interessant ist, daß man in zahlreichen Anwendungsgebieten der statistischen Physik ohne Quantenstatistik auskommt, d. h. mit der ursprünglichen klassischen Statistik nach BOLTZMANN und GIBBS arbeiten kann, obwohl doch alle Konstituenten der stofflichen Materie Quantenteilchen sind. Um das zu verstehen, betrachten wir das quantenstatistische Entartungskriterium für ideale Gase (unsere Abschätzung hat also auch insofern Näherungscharakter, als wir die Wechselwirkungskräfte zwischen den Teilchen vernachlässigen).

Die Verteilungsformel für ideale Quantengase lautet

$$n_i = \frac{1}{\frac{1}{A} e^{\varepsilon_i/kT} \mp 1} \qquad \begin{matrix}\text{BOSE-EINSTEIN-} \\ \text{FERMI-DIRAC-}\end{matrix}\ \text{Statistik} \tag{5}$$

hierbei ist n_i die Besetzungszahl eines bestimmten Einzelteilchenzustandes mit der Energie ε_i, und wie üblich bedeutet k die BOLTZMANN-Konstante und T die absolute Temperatur. Die Größe A ist gegeben durch

$$A = e^{\mu/kT} \tag{6}$$

mit μ als chemischem Potential pro Teilchen (in der Sprache der chemischen Thermodynamik ist also A die absolute Aktivität). Man sieht nun, daß aus (5) für

$$A \ll 1 \text{ nährungsweise } n_i \sim e^{-\varepsilon_i/kT} \tag{7}$$

folgt, d. h. es gilt dann die klassische MAXWELL-BOLTZMANN-Statistik, eine Gasentartung tritt nicht auf. Für

$A \geqq 1$ gilt (5),

wobei dann ∓ 1 im Nenner nicht mehr zu vernachlässigen ist, d. h. es liegt Gasentartung vor, d. h. man muß mit der Quantenstatistik arbeiten.

Was heißt das physikalisch? Eine statistische Berechnung des chemischen Potentials μ liefert näherungsweise

$$A = \frac{h^3}{(2\pi mkT)^{3/2}} \cdot \frac{N}{V}, \tag{8}$$

wobei N die Gesamtteilchenzahl des Gases und V das Volumen ist. Gasentartung setzt nach dem Kriterium $A \geqq 1$ also unter folgenden Bedingungen ein:

- Masse m eines Teilchens klein,
- Temperatur T tief,
- Teilchenzahldichte N/V groß.

Das Kriterium $A \geqq 1$ läßt sich mit (8) auch „anschaulich" verstehen, wenn man in Analogie zur üblichen DE-BROGLIE-Wellenlänge

$$\lambda = \frac{h}{mu} = \frac{h}{\sqrt{2m\,E_{kin}}} \tag{9}$$

(u: Teilchengeschwindigkeit bzw. Gruppengeschwindigkeit der quantenmechanischen Wahrscheinlichkeitswelle) eine „thermische DE-BROGLIE-Wellenlänge"

$$\lambda_{th} = \frac{h}{\sqrt{2\pi mkT}} \tag{10}$$

einführt (der thermische Mittelwert $\bar{\varepsilon} = E_{kin}$ ist klassisch gleich $\frac{3}{2}\ kT$. Es wird dann aus (8)

$$A = \lambda_{th}^3 \frac{N}{V}, \tag{11}$$

und Entartung bedeutet $\lambda_{th}^3 \geqq \frac{V}{N} = v$ d. h. Quantenstatistik wird erst dann nötig, wenn die Wellenlänge größer als $\sqrt[3]{v}$ wird, wobei v das einem Teilchen im System im Mittel zur Verfügung stehende Volumen darstellt.

Zahlenmäßige Abschätzungen zeigen, daß die Quantenstatistik vereinfacht gesagt nicht erforderlich ist für

Gase, Gasplasmen sowie Flüssigkeiten und Lösungen

außer für die sogenannten Quantengase (Elektronengas bei hohen Konzentrationen wie in Metallen und entarteten Halbleitern), Quantenflüssigkeiten (^{4}He, ^{3}He, H_2 bei tiefen Temperaturen) und Quantenkristalle (^{4}He, ^{3}He, H_2 bei tiefsten Temperaturen). Dazu drei Anmerkungen:

1. Die Atome oder Moleküle, die das Kristallgitter eines Festkörpers aufbauen, sind zwar auch Teilchen großer Masse, sie stellen aber Oszillatoren dar, die besser

quantenmechanisch oder in ihrer Gesamtheit mittels Quantenstatistik und mit dem Phononenbegriff zu behandeln sind. Quantenmechanik und Quantenstatistik werden unumgänglich, wenn die Wechselwirkung zwischen Atomen (oder Molekülen) und Elektronen zu untersuchen ist.

2. Das PLANCKsche Wirkungsquantum h muß in jeder klassischen Zustandssumme (Zustandsintegral) auftreten:

$$Z = \frac{1}{h^f} \int \cdots \int e^{-\varepsilon(q_j, p_j)/kT} \, dq_1 \cdots dq_f dp_1 \cdots dp_f, \tag{12}$$

hierin ist f: Zahl der Freiheitsgrade des Systems, z. B. $f = 3\,N$,
q_j, p_j: kanonische Koordinaten und Impulse der Teilchen.

Man spricht dann von der halbklassischen Näherung. Der Faktor h^f liefert einen wichtigen Beitrag zu den thermodynamischen Funktionen, zu Dampfdruckkonstanten, chemischen Konstanten und zur Nullpunktsentropie. Er macht auch die Zustandssumme korrekt dimensionslos.

3. Quantenmechanik und Quantenstatistik werden natürlich benötigt zur Behandlung der inneren Freiheitsgrade der Atome und Moleküle auch in einem verdünnten, klassischen Gas oder Gasplasma, d. h. auch in der Theorie chemischer Reaktionen. Jedoch ist eine quantenmechanische Behandlung der Freiheitsgrade der gehemmten inneren Rotation in größeren Molekülen in guter Näherung unnötig, weil die entsprechenden Rotationsenergien klein bzw. die Rotationsenergieniveaus eng benachbart sind: $\Delta \varepsilon_{rot} \ll kT$. Probleme der Konformationsstatistik bei Polymeren und Biopolymeren sind also klassisch behandelbar.

Erwähnt wurde bereits, daß ein Einsatz der Quantentheorie zur Beschreibung mechanischer Eigenschaften realer Festkörper (vorerst) wenig sinnvoll erscheint.

6. *Quantenphysik und Chemie*

Einer der größten Erfolge der Quantenmechanik war zweifellos die Klärung der Natur der chemischen Bindung und die Eröffnung von Möglichkeiten zur quantitativen Berechnung chemischer Systeme. Vor etwa 50 Jahren äußerte DIRAC, daß durch die Entwicklung der Quantenmechanik die Chemie zu einem Zweig der angewandten Mathematik geworden sei. Das ist allerdings wohl nur richtig in dem Sinne, daß die exakte Lösung der entsprechenden vollständigen SCHRÖDINGER-Gleichung im Prinzip alle Aussagen über das betrachtete System zu liefern imstande ist. Diese Aufgabe erweist sich auch mit den größten heutigen Rechenautomaten als praktisch unlösbar. Überdies ist die Chemie trotz sehr starker theoretisch-physikalischer Durchdringung und trotz des wachsenden Einsatzes molekülphysikalischer experimenteller (insbesondere analytischer) Methoden nach wie vor eine eigenständige Wissenschaft mit einem definierten Aufgabengebiet und mit eigenen Problemen, Konzeptionen und experimentellen Methoden.

Allerdings verschwimmen die Grenzen zur Physik. So wird heute z. B. Festkörperchemie mit physikalischen wie mit chemischen Methoden betrieben, und auf dem Gebiet der Theorie gilt das erst recht für die Festkörper-Quantenchemie, d. h. die theoretische Untersuchung komplizierterer Festkörper mit semiempirischen Methoden, wie sie vor allem in der Quantenchemie entwickelt worden sind. Aber diese Sachlage ist ja für alle Grenzbereiche zwischen den klassischen Wissenschaften normal geworden.

Man kann heute in grober Einteilung zwei große Teilgebiete der Quantenchemie (mit fließenden Übergängen) unterscheiden, nämlich

— die herkömmliche Quantenchemie, die sich mit der Berechnung der möglichen quantenmechanischen Zustände von Molekülen beschäftigt („statische Quantenchemie"), und
— die dynamische Quantenchemie oder Quantentheorie der chemischen Reaktivität, deren Aufgabe die Untersuchung der Möglichkeiten chemischer Reaktionen zwischen Molekülen und die Berechnung des zeitlichen Ablaufs der Reaktionen ist.

Mit dem letzten Punkt tangiert die Quantenchemie bereits die kinetische bzw. statistische Theorie chemischer Reaktionen, d. h. das Gesamtgebiet der theoretischen chemischen Reaktionskinetik, in die thermodynamische und statistisch-mechanische Aspekte wesentlich eingehen. Damit ist nebenbei bemerkt auch klar, daß die theoretische Chemie nicht allein Quantenchemie ist.

Quantenchemische ab-initio-Rechnungen sind nur für kleinere Moleküle (je nach ihrer Symmetrie) mit ausreichender Genauigkeit bei noch sinnvollem Rechenaufwand möglich. Für die meisten praktischen Probleme insbesondere der organischen Chemie sind die inzwischen zahlreich gewordenen hochentwickelten semiempirischen Methoden am besten geeignet; bei ihnen werden Parameter in den Rechnungen mitgenommen, die experimentell bestimmt oder an Experimente angepaßt werden können.

In der Quantentheorie der chemischen Reaktivität war die Konzipierung der Woodward-Hoffmann-Regeln der Erhaltung der Orbitalsymmetrie bei perizyklischen Reaktionen (1965) ein besonderer Erfolg. Mit Hilfe dieser Regeln konnte ein riesiges Erfahrungsmaterial verstanden und eine große Zahl neuer Reaktionsmechanismen theoretisch vorausgesagt werden. Inzwischen sind diese Regeln im Rahmen der Quantenchemie (durch M. J. S. Dewar u. a.) sowie im Rahmen der theoretischen Reaktionskinetik (durch J. Ross u. a.) näher untersucht und in ihren Gültigkeitsgrenzen eingeengt worden.

Noch eine Bemerkung über Quanteneffekte in chemischen Systemen: Es konnte gezeigt werden, daß alle thermodynamischen Isotopieeffekte einschließlich derer bei chemischen Gleichgewichten und der durch die Eyringsche Theorie der absoluten Reaktionsgeschwindigkeiten erfaßbaren reaktionskinetischen Isotopieeffekte — die sämtlich im wesentlichen nur durch die Massenunterschiede der Isotopen verursacht werden — doch reine Quanteneffekte sind (!); bei Rechnungen mit der klassischen Theorie verschwinden sie.

7. *Quantenphysik und Biologie*

Etwa ab 1930 wurden von der Seite der Quantenphysik erste Versuche unternommen, die bis dahin in ihren Grundkonzeptionen völlig verschiedenen Wissenschaften der Physik und der Biologie einander näher zu bringen und zur Erklärung biologischer Phänomene beizutragen. Das führte zunächst im Bereich der Strahlenbiologie zur Treffertheorie und später zu ersten theoretischen Untersuchungen über die fundamentalen Probleme des Lebens und des Bewußtseins durch so bedeutende Quantentheoretiker wie NIELS BOHR, J. VON NEUMANN, SCHRÖDINGER, DELBRÜCK und WIGNER.

Inzwischen hat in der Biologie durch die Begründung der Molekularbiologie eine faszinierende Entwicklung eingesetzt, die auch vom Eindringen theoretisch-physikalischer Konzeptionen und Methoden begleitet wird. So werden beispielsweise die Eigenschaften von Biopolymeren sowie ihre Wechselwirkungen untereinander (z. B. bei der DNS-Replikation) mit den Methoden der statistischen Mechanik untersucht (ein biologisches Makromolekül ist ja typisch ein Element aus einer GIBBschen großkanonischen Gesamtheit, deren Elemente variierende Teilchenzahlen — hier Atomzahlen — haben!)! Es ist bemerkenswert, daß man dabei, wie oben erläutert, weitgehend ohne Quantenmechanik und Quantenstatistik rechnen kann.

Eine andere Disziplin des heute schon sehr weitläufigen Gebietes der theoretischen Biologie ist die Quantenbiochemie. Sie stellt die Anwendung der Quantenchemie auf Moleküle von biologischer Relevanz dar. Hier geht es um die physikalischen und chemischen Eigenschaften der Moleküle ebenso wie um ihre biologischen (z. B. pharmakologischen, mutagenen oder cancerogenen) Wirkungen; man verwendet sogar bereits den Begriff Quantenpharmakologie. Die entsprechenden quantenchemischen Untersuchungen mit semiempirischen Methoden haben natürlich nur Näherungscharakter und sind noch mit zu vielen Unsicherheiten behaftet.

Wie weit die Quantenmechanik als fundamentale Theorie der stofflichen Materie auch eine fundamentale Rolle in der Biologie spielen wird, ist eine offene, vieldiskutierte Frage. Bei Genmutationen und damit letzten Endes bei der gesamten biologischen Evolution scheinen Quanteneffekte (Protonentunneln) mitzuspielen. Es gibt auch Versuche, die bis jetzt in den Elementarprozessen weitgehend unbekannte Funktionsweise des Zentralnervensystems einschließlich des Phänomens des Gedächtnisses auf quantenphysikalischer Grundlage zu verstehen. Künftige Forschungen werden hier bestimmt neuartige, überraschende Erkenntnisse liefern. —

Hans-Joachim Spangenberg

70 Jahre III. Wärmesatz — eine Betrachtung aus chemischer Sicht

Trotz der vielfältigen Entwicklungen und der Herausbildung neuer Forschungsrichtungen innerhalb der physikalischen Chemie im Verlaufe der letzten Jahrzehnte kann anfangs festgestellt werden, daß nach wie vor ein Kernstück dieser Disziplin die Thermodynamik ist, deren Hauptsätze als fundamentale Aussagen zur quantitativen Beschreibung von Vorgängen der Stoffwandlung verschiedenster Art, angefangen von Festkörperreaktionen und Oberflächenprozessen bis hin zu Gasreaktionen hoher Temperatur, ihren entscheidenden Wert besitzen.

Um 1900 war die Situation die, daß als Anwendung des I. und II. Hauptsatzes der Thermodynamik auf chemische Vorgänge zwar die Rolle der thermodynamischen Potentiale der Freien Energie und Freien Enthalpie als Maß der chemischen Affinität erkannt worden war, insbesondere durch die Feststellungen van 't Hoffs, und damit die alte Auffassung Berthelots von der Wärmetönung einer Reaktion als Maß ihrer Triebkraft überwunden war, aber es blieb eine entscheidende Schwierigkeit, die es nicht gestattete, diese Potentiale für die Vorausberechnung von Richtung und Gleichgewicht eines chemischen Prozesses tatsächlich zur Anwendung zu bringen.

Durch den II. Hauptsatz ist die Entropie durch ihr Differential dS definiert, die Entropie S ist damit nur bis auf eine Integrationskonstante S_0 bestimmt.

Da es sich in den Anwendungen fast immer um Entropiedifferenzen handelt, wäre das zwar an sich nicht schlimm, auch die Energie U ist nur bis auf eine Integrationskonstante bestimmt, aber in der Helmholtzschen Freien Energie und der Gibbschen Freien Enthalpie bleibt eine lineare Funktion der Form $S_0T +$ const unbestimmt, wodurch ihre Verwertbarkeit bei Zuständen verschiedener Temperatur zur Aufstellung von chemischen Gleichgewichtsbedingungen illusorisch wird. Es entstand also die Frage nach dem absoluten Wert der Entropie. So war die Situation vor 70 Jahren, und die Beantwortung dieser Frage erfolgte nach Grundgedanken und erster abschließender Formulierung in den Jahren 1906 bzw. 1911 hier in Berlin durch die Leistungen von Walter Nernst und Max Planck.

Nernst hatte bei seinen elektrochemischen Untersuchungen den Entropiebegriff zunächst immer umgangen, er arbeitete vielmehr mit dem Begriff der maximalen Arbeit, der ihm zugleich als Maß der Affinität diente: $A = \Delta F = F_1 - F_2$.

Die Beziehung

$$A - \varDelta U = T\left(\frac{dA}{dT}\right)_v, \varDelta U = U_1 - U_2 \tag{1}$$

bezeichnete er als eine den ersten und zweiten Hauptsatz zusammenfassende Fundamentalgleichung, auf die alle Schlüsse zurückführen. Nach BERTHELOT sollte die linke Seite Null sein. Wir wissen, daß dem nicht so ist, und NERNST sagt in seiner Darlegung von 1906 in den Göttinger Nachrichten [1]: „Da erfahrungsgemäß die Unterschiede von A und $\varDelta U$ häufig klein sind, so drängte sich mir die Vermutung auf, daß es sich hier um ein Grenzgesetz handelt, dergestallt, daß A und $\varDelta U$ beim absoluten Nullpunkt nicht nur einander gleich werden, sondern sich asymptotisch berühren. Hiernach also

$$\lim_{T\to 0}\frac{dA}{dT} = \lim_{T\to 0}\frac{d\varDelta U}{dT} = 0 \tag{2}$$

sein muß.

Damit haben wir den historischen Ursprung, der, wie SOMMERFELD [3] sagte, genialsten Erweiterung, die die klassische Thermodynamik in unserem Jahrhundert erfahren hat.

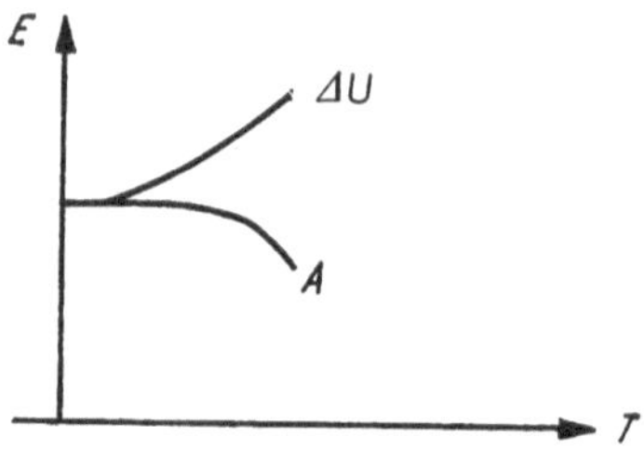

Geht man zur Freien Energie über, so ergibt sich mit $\varDelta F = \varDelta U - T\varDelta S$

$$\lim_{T\to 0}\left(\frac{d\varDelta U}{dT} - \varDelta S - T\frac{d\varDelta S}{dT}\right) = \lim_{T\to 0}\frac{d\varDelta U}{dT} \tag{3}$$

was erfüllt ist, wenn die Entropediedifferenz $\varDelta S = S_1 - S_2$ für $T \to 0$ Null wird.

Damit ist die PLANCKsche Formulierung $\lim\limits_{T\to 0} S = S_0$ und die Möglichkeit S_0 für jeden Stoff zu Null zu normieren, aus der NERNSTschen Fassung Gl. (2) abzuleiten; dieses geschah dann 1911 [2].

Der Ursprung dieses III. Hauptsatzes ist also in der Chemie zu suchen. Zwar führte das NERNSTsche Theorem, so wie der I. und II. Hauptsatz, keine neue Zustandsgröße in die Thermodynamik ein, aber es machte die Zustandsgrößen S, F und G erst numerisch bestimmt und praktisch brauchbar, indem es ermöglicht, die Gleichgewichtsbedingungen in einer chemischen Reaktion vorauszuberechnen. Damit war für die physikalische Chemie eine völlig neue Situation eingetreten. Noch zu Beginn unseres Jahrhunderts war man stets auf Messungen von $\varDelta F$ einer chemischen Reaktion angewiesen, wollte man Aussagen machen über die Entropieänderung oder das Gleichgewicht dieser Reaktion.

Es ist praktisch immer möglich, eine Substanz bis 15 oder 20 K zu kühlen, aber es ist nur in wenigen Fällen möglich, eine chemische Reaktion im Gleichgewicht zu erhalten, die gerade die betreffende Substanz enthält. Mit der Normierung der Entropie war es möglich geworden, chemische Reaktionen auf die Parameter der Einzelstoffe zurückzuführen. Deshalb ist die Begründung des III. Hauptsatzes zeitlich gleichzusetzen mit der Schaffung einer eigentlichen chemischen Thermodynamik. Das von NERNST aufgestellte Theorem besagte ja zunächst, daß die Entropieänderung bei einer chemischen Reaktion verschwindet mit Annäherung der Temperatur an den absoluten Nullpunkt. Er selbst hatte sich zunächst heftig gesträubt gegen PLANCKS Folgerung in der Formulierung, daß die Entropie jeder einzelnen Substanz am absoluten Nullpunkt verschwindet, gab aber auf Grund der von ihm selbst, vor allem während der Zeit des ersten Weltkrieges in der damaligen Reichsanstalt, durchgeführten Wärmekapazitätsmessungen bei der Temperatur des flüssigen Wasserstoffs und dem 1912 von DEBYE abgeleiteten T^3-Gesetz über den Abfall der Molwärmen in der Nähe des absoluten Nullpunkts und der damit genaueren Extrapolation des Integrals $\int_0^T \frac{c_v\,dT}{T}$ seine Widerstände allmählich auf und schloß sich PLANCKS Formulierung mindestens anfangs der 20er Jahre an. Das wurde auch bedingt durch umfangreiche Messungen, wie sie von GIAUQUE in USA und SIMON, einem Schüler NERNSTS, zunächst in Deutschland, später in England, über den Entropieinhalt verschiedener Stoffe ausgeführt wurden.

Auch hatte Walter NERNST sein Theorem ursprünglich auf reine kondensierte Stoffe beschränkt, also die Gasphase ausgeschlossen. Später, etwa 1918, diskutierte er aber eingehend die damals schon in der Luft liegende Frage nach der Gasentartung, die ja bald darauf in den neuen Statistiken greifbare Formen annahm, und 1927 wurde dann von SOMMERFELD gezeigt, daß auch das Gas der freien Elektronen in allen seinen Eigenschaften dem NERNSTschen Theorem entspricht.

Bevor eingegangen werden soll auf chemisch-theoretische Fragen im Zusammenhang mit Wärmekapazitätsmessungen und Entropiebestimmungen, zunächst noch einige physikalische Schlußfolgerungen aus dem NERNSTschen Satz.

Wegen $\left(\frac{\partial S}{\partial p}\right)_T = -\left(\frac{\partial v}{\partial T}\right)_P$ und $\left(\frac{\partial S}{\partial v}\right)_T = \left(\frac{\partial p}{\partial T}\right)_V$ verschwinden für $T \to 0$ sowohl Ausdehnungskoeffizient als Spannungskoeffizient, weil die linken Seiten verschwinden, da der Grenzwert S_0 der Entropie sowohl druck- als volumenunabhängig wird; weiter ist wesentlich, daß wegen $c_v = T\left(\frac{\partial S}{\partial T}\right)_v$ und $c_p = T\left(\frac{\delta S}{\delta T}\right)_P$ die spezifischen Wärmen für $T \to 0$ Null werden, somit eine Divergenz des Integrals $S(v, T) = \int_0^T \frac{c_v\,dT}{T}$ nicht möglich ist, was vorher nicht ausgeschlossen war.

Die andere wichtige Folgerung ist, daß der absolute Nullpunkt durch keinen endlichen Prozeß, sondern nur asymptotisch zu erreichen ist, damit aber auch der Carnot-Prozeß mit $T = 0$ als Kühlertemperatur und einem Wirkungsgrad $\eta = 1$ unmöglich ist.

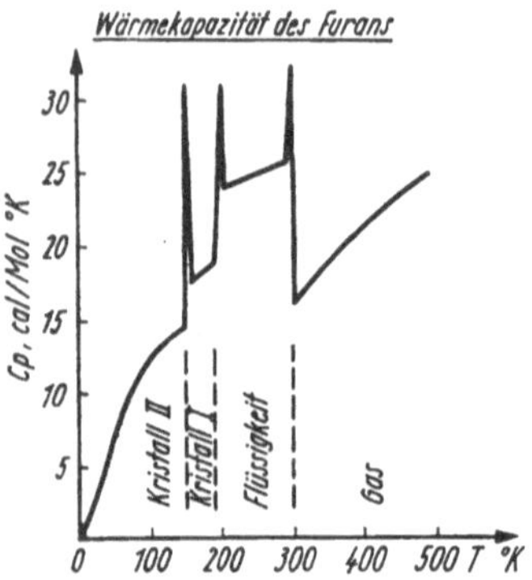

Entropie des Furans

T °K		S
0 - 12	Debeye Extrapolation $\Theta = 95{,}5°$; 3,5	0,347
12 - 150	Kristall II, graphisch $\int C\,d\ln T$	18,076
150	Übergang	3,262
150 - 187	Kristall I, graphisch $\int C\,d\ln T$	8,893
187,55 - 298,15	Flüssigkeit, graphisch $\int C\,d\ln T$	11,638
298,15	Entropie der Flüssigkeit	42,22 + 0,08
298,15	Verdampfung	22,005
298,15	Verdichtung	-0,471
298,15	Realgas	0,112
298,15	Entropie des idealen Gases	63,86 + 0,10
298,15	spektroskopisch bestimmte Entropie	64,03

Abb. 1 Wärmekapazität und Entropie des Furans

Nun zur Anwendung auf chemische Systeme. Bis Mitte der 20er Jahre waren für eine Vielzahl von Stoffen die Standard-Entropien kalorimetrisch gemessen worden; wobei durchweg die Substanz bis in einen Bereich um 20 K gekühlt wurde und danach gemäß dem Debyeschen Gesetz die Extrapolation in den Nullpunkt hinein erfolgte. Schwierigkeiten bereiteten dabei häufig die für viele Molekülkristalle auftretenden verschiedenen Modifikationen, denen jeweils eine Umwandlungsentropie zuzuordnen ist. In Abb. 1 ist für Furan der Verlauf der Wärmekapazität zusammen mit den Entropieanteilen dargestellt. Andere, schon frühzeitig untersuchte Beispiele für Umwandlungsentropien innerhalb der festen Phase waren Phosphine und allotrope Modifikationen einiger Elemente.

Eine zweite unabhängige Möglichkeit des Vergleichs der so erhaltenen Entropien, insbesondere für Gase, war jedoch außer der Bestimmung über Molwärmen zunächst nicht gegeben. Das änderte sich Mitte der 20er Jahre. Zwar war bereits 1912 für die Molekültranslation die Sackur-Tetrode-Gleichung über den Zusammenhang zwischen Temperatur, Zustandssumme und den makroskopischen thermodynamischen Funktionen aufgestellt worden, aber die Anwendung auf zwei- und mehratomige Moleküle konnte jedoch erst mit der Entwicklung der Spektroskopie erfolgen. Urey [4], Tolman und Badger [5] waren die Ersten, die für einige zweiatomige Moleküle auf Grund der Trägheitsmomente und Wellenzahlen der Kernschwingungen Entropien auf der Grundlage von Zustandssummen berechneten. Die Entwicklung der IR-Spektroskopie und vor allem die Anwendung des Raman-Effekts auf immer neue Substanzen erbrachten dann die entscheidenden Voraussetzungen zur Berechnung aller thermodynamischen Funktionen einer Vielzahl von Molekülen unterschiedlicher Strukturen.

Diese statistisch-thermodynamische Behandlung zunächst nach dem Modell „Starrer Rotator — Harmonischer Oszillator“ (< 1500 K) setzt in allen Fällen die Kenntnis der jeweiligen Molekülgeometrie und der $3n - 6$ (5) Grundschwingungen des n-atomigen Moleküls voraus.

Mit dieser Entwicklung war es möglich geworden, für Gase die „kalorimetrischen“ Entropien mit den spektroskopisch erhaltenen Entropien zu vergleichen, siehe Tab. 1.

Tabelle 1
Entropien in cal grd^{-1}; Mol^{-1} 298,15 K, 1 atm

Ideales Gas	$S_{\text{Spektrosk.}}$	$S_{\text{Kalorim.}}$
HCl	44,64	44,7
HBr	47,48	47,6
N_2	45,78	45,9
HCN	48,23	47,92
CO_2	51,07	51,11
C_2H_4	52,47	52,48
CH_3Cl	55,98	55,94
H_2	31,23	29,74 $\Delta = 1{,}49$
H_2O	45,10	44,28 $\Delta = 0{,}82$
CO	47,31	46,2 $\Delta = 1{,}11$

Für die meisten Stoffe war die Übereinstimmung hervorragend, das Interesse erlangten vielmehr jene Ausnahmen, bei denen die kalorimetrisch bestimmte Entropie kleiner war als jene, die über Zustandssummen und molekulare Parameter erhalten wurden. Bedeutete das eine Verletzung des III. Satzes?

Geht man davon aus, daß der geordnete und im thermodynamischen Gleichgewicht befindliche Kristall die Entropie Null besitzt am Nullpunkt, so muß es sich in diesen Fällen um unterschiedliche geometrische Orientierungen der Moleküle handeln, von denen erwartet werden kann, daß sie fast gleiche Energie besitzen. Moleküle wie CO, NO, N_2O besitzen sehr kleine Dipolmomente, und im Kristall besteht die Möglichkeit ihrer Anordnung mit zufälliger End- zu End-orientierung. Bei zufälliger Orientierung entspräche das bei zwei Möglichkeiten einem Entropieunterschied von

$$S = \frac{R}{N_0} \ln 2^{N_0} = R \ln 2 \approx 1{,}4 \text{ cal grd}^{-1}\text{Mol}^{-1}.$$

NO existiert im Molekülkristall als N_2O_2-Einheit und ist rechteckig, wobei analoge Atome diagonal stehen. Die beobachtete Residualentropie am Nullpunkt ist 1,5 cal grd^{-1} Mol^{-1} und kommt dem theoretischen Wert sehr nahe.

Selbst für längerkettige 1-Olefine ist ein ähnliches Verhalten festzustellen. Vom Propen bis Decen liegen keine Nullpunktsentropien vor, für längere Olefine besteht im Kristall aber eine End- zu End-Unordnung, der Kristall besitzt am Nullpunkt eine Residualentropie.

Von besonderer Bedeutung für die Strukturaufklärung sind die Entropieverhältnisse für Kristalle mit Wasserstoffbrückenbindungen. Für die Struktur des Eises gab es noch in den 40er Jahren Alternativen, die nur schwer zu entscheiden waren, da eine Neutronenbeugung zur Lokalisierung der H-Atome noch nicht existierte. Schließlich wurde die Residualentropie des Eises von 0,8 Cl durch PAULING so gedeutet, daß eine tetragonale Sauerstoffanordnung vorliegt, in der jeder Sauerstoff im Zentrum eines Tetraeders von 4 anderen Sauerstoffen sitzt, wobei gemäß den H-Brücken jedes Proton im O—O-Glied unsymmetrisch lokalisiert ist, indem zwei H näher, zwei andere weiter abstehen. PAULING berechnete, daß für N_0 Wassermoleküle $\left(\frac{3}{2}\right)^{N_0}$ Anordnungen möglich sein müssen, hieraus folgt

$$S = R \ln \frac{3}{2} = 0{,}806 \text{ cal grd}^{-1}\text{Mol}^{-1},$$

das entspricht genau der Nullpunktsentropie des Eises, und die Struktur wurde dann 1954 von PETERSON und LEVI durch Neutronendiffraktion in dieser Weise bestätigt.

Ähnlich steht es mit den mesohydrischen Tautomerismen. Solche Strukturen wie in Abb. 2

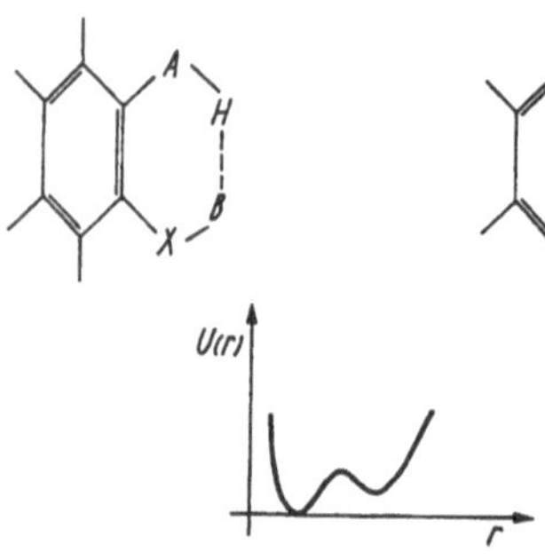

Abb. 2 Mesohydrischer Tautomerismus (Lage des Wasserstoffs)

können nebeneinander existieren, die Lage des Protons kann, wenn ein Doppelminimumpotential vorliegt, sowohl näher am Donator A oder dem Akzeptor-Atom B stehen. Beide Anordnungen können eingefroren werden, der Kristall besitzt Nullpunktsentropie, deren Größe wesentliche Hinweise zur Frage der Mesomerie geben kann.

Neuerdings wurde IR-spektroskopisch nachgewiesen, daß in höheren kristallinen Fettsäuren eine Koexistenz von zwei Konfigurationen vorliegt (s. Abb. 3).

Vierzehn normale Fettsäuren wurden bis zur Temperatur des flüssigen Heliums untersucht. Aus den Schwingungen der $C\genfrac{}{}{0pt}{}{\nearrow O}{\searrow OH}$ Gruppe und der CH_2-wagging-Bewegung wurde geschlossen, daß eine cis- und eine trans-Form existiert für die $C_\beta - C_\alpha - C = O$—Gruppe. Die cis-Form hat die niedrigere Energie für die ungeradzahligen $C_3 - C_{11}$, die trans-Form hat die niedrigere Energie für die geradzahligen $C_8 - C_{20}$. Während Ameisen- und Essigsäure im Kristall als unendlich lange Ketten vorliegen, ist das aus sterischen Gründen mindestens ab Buttersäure nicht mehr möglich, es existieren ähnlich wie in der Flüssigkeit Dimere. Für $CH_3(CH_2)_{12}COOH$ z. B. ist der Energieunterschied der beiden Formen nur 200 cal Mol^{-1}, aber ein Grad über dem absoluten Nullpunkt hat dieser Stoff 3.2 cal Mol^{-1} grd^{-1} Entropie, offensichtlich also eine hohe Residualentropie.

Die Stellung der Wasserstoffatome in Fettsäuren bzw. in Aminosäuren und die Rolle, die der Wasserstoffbrücke bei der Verknüpfung der Helixstrukturen von DNS-Molekülen zukommt, läßt die Frage auftauchen, mit welcher Unordnung die Grundkörper für Lebensprozesse wegen der vorhandenen scheinbaren Abweichungen vom III. Wärmesatz bei Abwesenheit thermischer Bewegung eigentlich vorliegen, da mit der Lage des H in Brücken offensichtlich auch Probleme der Gen-Mutation im Zusammenhang stehen.

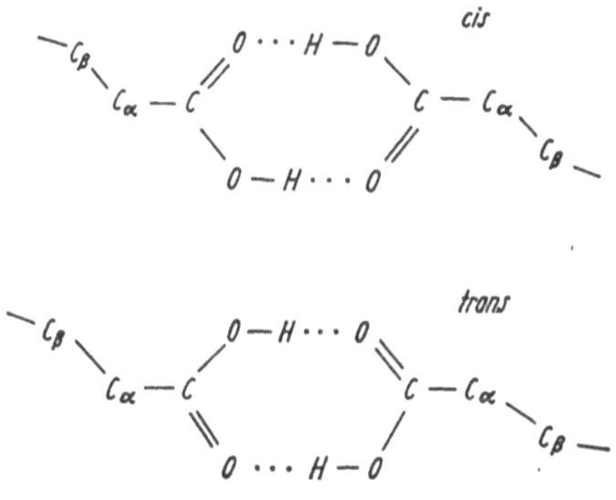

Abb. 3. cis- und trans-Formen in Fettsäure-Dimeren

In den meisten Fällen existieren diese scheinbaren Abweichungen vom III. Hauptsatz jedoch nicht, Moleküle wie CO_2, CH_4, BF_3, SF_6 machen wegen ihrer symmetrischen Struktur zufällige Verteilungen im Kristall praktisch unmöglich. Sogar beim Kohlenstoffoxisulfid liegt keine Null-Entropie vor.

Durch die Messungen von Giauque zu den Entropien verschiedener Systeme wurde das Verhalten unterkühlter Flüssigkeiten schon frühzeitig bekannt. Klassisches Beispiel eines einkomponentigen Glases ist Glyzerin unterhalb von 180 K. Solche Gläser zeigen durchweg am absoluten Nullpunkt eine Restentropie, aus deren Größe Schlüsse über die Abweichung vom Gleichgewichtszustand gezogen werden können.

Im Übergangsgebiet U ist die Viskosität immer in der Größenordnung von 10^{13}

Poise, d. h. die erforderliche Zugspannung für eine konstante Dehnung sinkt in Sekunden bis Minuten auf 1/e ihres Wertes ab. Die Restentropie von 5,4 cal grd^{-1} Mol^{-1} beim Glyzerin bedeutet, daß auch am absoluten Nullpunkt ein nichtkristallischer, sondern glasiger Zustand vorliegt. Eine große Anzahl von Gläsern sind seitdem hinsichtlich ihres entropischen Verhaltens untersucht worden. Ähnliche Verhältnisse existieren bei Hochpolymeren, sie besitzen durchweg am Nullpunkt eine Restentropie.

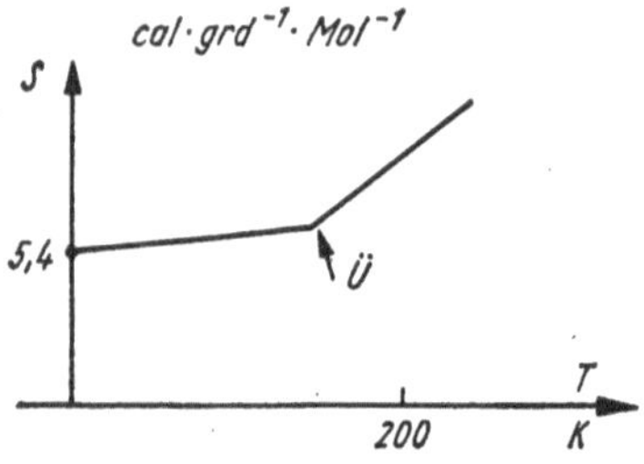

Nicht eingehen möchte ich näher auf die Isotopenmischungen, die natürlich eine Nullpunktsentropie zeigen müssen, da für die meisten chemischen Zwecke jedoch diese Entropie ignoriert werden kann (abgesehen von Isotopenaustauschvorgängen), weil sie allen Substanzen, in denen das Element auftritt, z. B. Chlor, gegenwärtig ist. Ebenso kann für die Zwecke der praktischen Chemie die Entropie, die mit der zufälligen Orientierung der Kernspins zusammenhängt, ignoriert werden. Beim Wasserstoff rührt die Restentropie her von der Rotation des Orthowasserstoffs.

Es kann also gesagt werden, daß die Abweichungen einiger chemischer Systeme vom III. Hauptsatz nur scheinbare sind, daß vielmehr alle Diskrepanzen herrühren von einer eingefrorenen räumlichen Unordnung.

Ich möchte jetzt auf Effekte molekularer Art eingehen, die erst auf Grund der Differenzen zwischen kalorimetrisch bestimmter Entropie gemäß dem III. Hauptsatz und den molekülstatistischen Werten gefunden wurden, deren Grund aber ursprünglich beim Aufbau falscher Zustandssummen lag.

An herausragender Stelle steht hier die Erscheinung der behinderten inneren Molekülrotation. Nach ersten Arbeiten von Euken, Weigert, Teller und Schäfer 1935 am Beispiel des Äthans, dessen experimenteller Entropiewert für eine Temperatur von 184,1 K zu 49,54 ± 0,15 cal grd^{-1} Mol^{-1} bestimmt wurde, hat Pitzer auf der Grundlage spektroskopischer Daten für dieselbe Temperatur einen Wert von nur 48,69 cal grd^{-1} Mol^{-1} berechnet. Der Unterschied von 0,85 cal grd^{-1} Mol^{-1} liegt wesentlich über dem experimentellen Fehler und muß dem Freiheitsgrad der inneren Molekülrotation der Methylgruppen gegeneinander zugeordnet werden. Von Nilsen war 1932 bereits der Fall des freien inneren Rotators diskutiert worden, dessen Anwendung auf Äthan für die genannte Temperatur einen zu hohen Entropiewert von 51,09 cal^{-1} Mol^{-1} grd^{-1} erbringt [5]. Da der Entropiebetrag des gehemmten kleiner ist als der des freien Rotators, lag der Schluß auf die Existenz einer Drehbehinderung nahe. In dieser Weise wurde das Phänomen der behinderten Molekülrotation entdeckt. Seitdem ist für die überwiegende Zahl von Molekülen mit um Einfachbindungen drehbaren Gruppen ein Hinderungspotential nachgewiesen worden, und Moleküle mit frei beweglichen Gruppen, wie Dimethylacetylen oder Tetramethylsilan gehören zu den Ausnahmen.

Die Bedeutung dieser Molekülbewegung für die chemische Thermodynamik wird erkenntlich, wenn man z. B. die thermodynamischen Anteile der beiden Methylkreisel des Acetons für 500 K unter der Annahme einer Barriere von 1 kcal/Mol berechnet. Das Ergebnis ist in Abb. 4 aufgeführt.

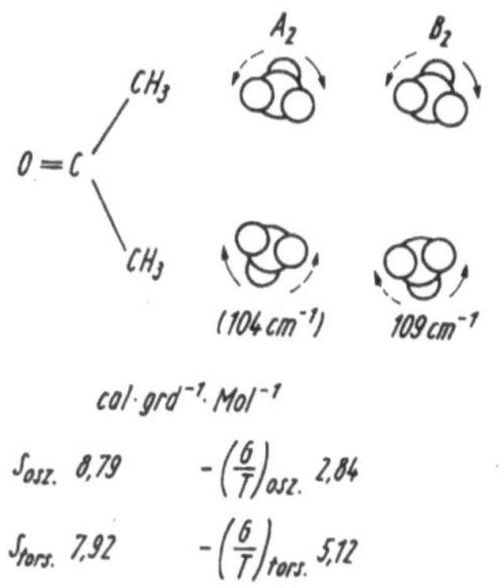

Abb. 4 Torsionsschwingungen und thermodynamische Anteile des Acetons

Es zeigt sich, daß der Anteil der gehemmten Drehbewegung der beiden Methylkreisel an den thermodynamischen Funktionen von Entropie und reduzierter Freier Enthalpie fast ebenso groß bzw. sogar doppelt so hoch ist, wie der aller übrigen 22 Normalschwingungen des Acetonmoleküls zusammengenommen.

Heute messen wir Hinderungsbarrieren entweder als Torsionsschwingungen im FIR oder über Mikrowellenaufspaltung. In Abb. 5 ist das FIR-Spektrum von Trimethylchlorsilan dargestellt. Den Absorptionen bei 196 cm^{-1} entspricht die gegenphasige Torsionsbewegung der CH_3-Gruppen gegen den SiCl-Rumpf. Aus der Wellenzahl und dem reduzierten Trägheitsmoment folgt eine Hinderungsenergie von 2,04 kcal · Mol^{-1}.

Schwieriger war die Situation bei der Aufklärung der energetischen Verhältnisse von Molekülen mit asymmetrischen Kreiseln und einem Hinderungspotential ungleich hoher Potentialschwellen, z. B. H_2O_2. Eine Vielzahl von Untersuchungen war notwendig, bis es gelang, die experimentellen Entropien von Wasserstoffperoxid oder Hydrazin über Zustandssummen verifizieren zu können. Heute wissen wir, daß diese Moleküle eine hohe cis- und eine niedrige trans-Barriere besitzen, als deren Folge Aufspaltungen der spektroskopischen Torsions-Niveaus

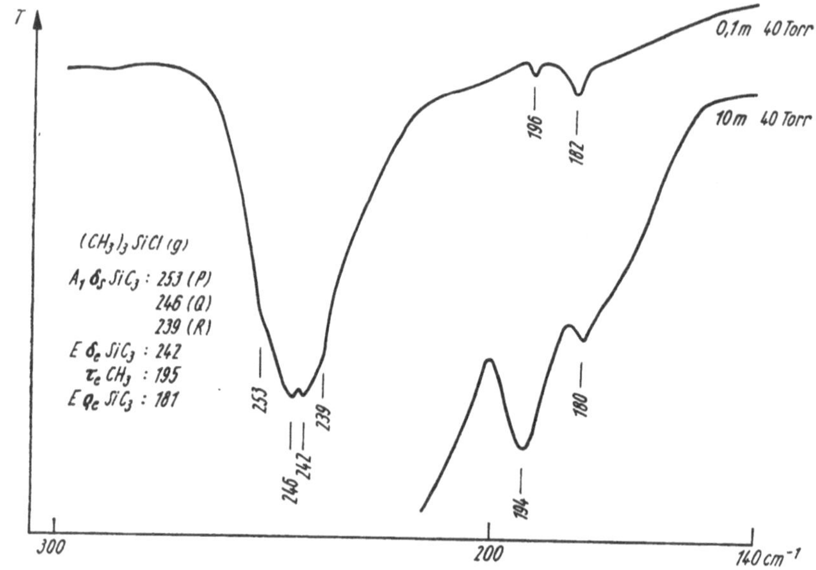

Abb. 5 FIR-Spektren von Trimethylchlorsilan

entstehen. Von uns wurden dann auf der Grundlage quantenmechanischer Berechnungen mittels Hellmann-Feynman-Theorem und zweizentriger Bond-Orbitale die Verläufe der Rotationshinderung berechnet.

Es gelang, die im FIR liegenden Torsionsübergänge abzuleiten, und es gelang vor allem, die von Giguere kalomerisch bestimmte Standard-Entropie von $S = 55{,}6\ \mathrm{cal\ grd^{-1}\ Mol^{-1}}$ zu $55{,}74\ \mathrm{cal\ grd^{-1}\ Mol^{-1}}$ nach Berücksichtigung des Hinderungspotentials dieses Moleküls theoretisch zu begründen. Ebensolches geschah für Hydrazin. Für beide Moleküle konnten damit die thermodynamischen Funktionen über den gesamten Existenzbereich sehr genau bestimmt werden.

In zyklischen Molekülen ist der ebene Ring nicht immer Zustand niedrigster Energie. 4- und 5gliedrige Ringe wie Trimethylenoxid oder Zyklobutan zeigen „puckering"-Bewegung, gesättigte 5gliedrige Ringe, wie Tetrahydrofuran, unterliegen einer Pseudorotation. Auch hier war die Entropie nach dem III. Hauptsatz gewissermaßen der Leitwert, der die Auffindung dieser Molekülbewegung erst veranlaßt hat.

In Abb. 6 sind Potentialverlauf und Energie-Übergänge für die Inversion des Cyclopentens dargestellt. Die spektroskopische Aufklärung solcher Inversionsbewegungen zyklischer Moleküle ließen erst spät eine konsequente statistisch-thermodynamische Behandlung zu.

Ähnlich ist es mit ganz anderen Systemen, z. B. Molekülen in Clathrateinschlüssen. Erst Tieftemperatur-Molwärmemessungen zeigten, daß z. B. Edelgase oder zweiatomige Moleküle in p-Chinon eine bis dahin überhaupt noch nicht bekannte molekulare Bewegung ausführen, die sogenannte rattling-Bewegung, die keine Oszillation, aber auch keine Translation darstellt, sondern auf Grund der spezifischen Wärmen gewissermaßen dazwischensteht (Translation mit Reflexion). Eine praktische Anwendung ergibt sich hier für die Erklärung der besonderen thermodynamischen Verhältnisse von Kohlenwasserstoffen, die als Harnstoffaddukte vorliegen.

Verschiedentlich wurde in jüngerer Zeit, so z. B. von Wilks [6] die Ansicht

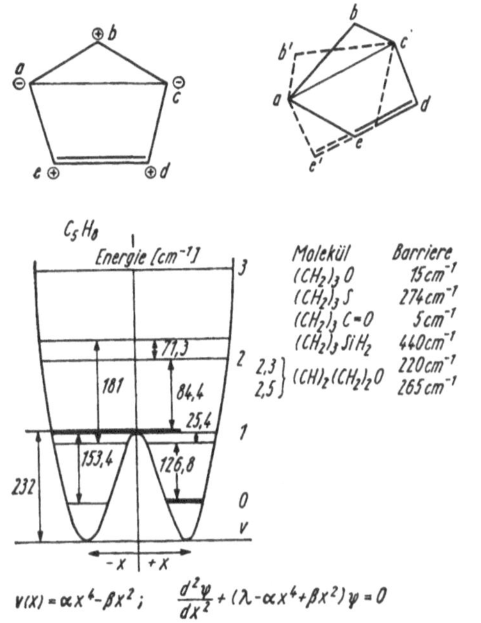

Abb. 6 Inversionsbewegung im Cyclopenten und Potentialverlauf

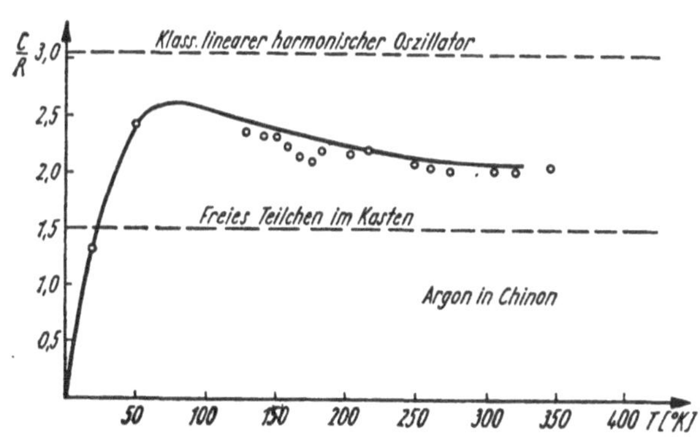

Abb. 7 Rattling-Bewegung von Argon in p-Chinon (Molwärme)

geäußert, für Gassysteme bedürfe man der kalorimetrisch bestimmten Entropien auf der Grundlage des III. Hauptsatzes nicht mehr, da die statistisch erhaltenen thermodynamischen Funktionen eine hohe Genauigkeit besitzen. Diesem Standpunkt möchte ich hier jedoch widersprechen, wenn es sich um stärker strukturierte Moleküle bzw. um Zustände bei höheren Temperaturen handelt. Hauptfehlerursache sind dann nämlich ungenügend genau berechnete Zustandssummen, z. B. durch Fehlen anharmonischer Korrekturen oder ganz und gar eine falsche Zuordnung der Normalschwingungen eines mehratomigen Moleküls, wie es dem Molekülspektroskopiker durchaus häufig unterläuft und dadurch die Gefahr der Ableitung falscher Entropien gegeben ist. Ich möchte nur die molekularen Effekte: Rotationsschwingungs-Wechselwirkung, Coriolis-Wechselwirkung, Fermiaufspaltung, Zentrifugalaufweitung und Anharmonizität der Schwingungen nennen, deren Nichtberücksichtigung bei höheren Temperaturen Fehler von mehreren Entropie-Einheiten und meist noch falschere Freie Enthalpien nach sich ziehen. Es kann oft nur sehr schwer entschieden werden, ob die Diskrepanzen entweder durch eine falsche Interpretation der spektralen Moleküldaten (z. B. der spektralen Zuordnung) oder durch Vernachlässigung der Abweichungen vom einfachen Modell verursacht worden sind.

Der auf der Grundlage des III. Hauptsatzes gemessene Entropiewert ist daher gewissermaßen der Prüfstein für die Richtigkeit einer molekularen Zustands summe.

Noch offensichtlicher wird der ganze Sachverhalt, der entstehen würde, wollte man thermodynamische Funktionen nur noch über Zustandssummen herleiten, wenn man chemische Verbindungen mit mehreren Konformationsmöglichkeiten behandelt. Für längerkettige n-Parraffine z. B., die wegen der inneren Verdrillung in vielen Konformationen auftreten können, ist es jetzt auf Grund der schnellen Rechenmaschinen möglich geworden, spieltheoretische Methoden zur Berechnung der Zustandssummen einzusetzen. Die Anwendung der Monte-Carlo-Methode auf die Lagen der aufeinanderfolgenden CH_2-Gruppen macht die umständliche Berechnung der jeweiligen Hauptträgheitsmomente traktabel. Die mit dem statistischen Generator berechneten thermodynamischen Funktionen berücksichtigen aber nur die Translation, äußere Rotation und die Anzahl der δ (CCCC)-out of plane-Schwingungen; alle CH-Schwingungen, die γ (CCC)-in plane-bending-Schwingungen und die inneren Rotationen der endständigen Methylgruppen müssen gesondert erfaßt werden; so z. B. beim Pentan mit 51 Freiheitsgraden, müssen allein die thermodynamischen Anteile von 43 Schwingungen klassisch zu den Werten der Monte-Carlo-Prozedur addiert werden. Hierbei können, und das hat die Praxis gezeigt, gravierende Fehler, nämlich Abweichungen von 5—8 Entropieeinheiten für mittellange Alkane entstehen.

Eine Überprüfung solcher theoretischer Prozeduren wäre überhaupt nicht möglich, wenn die auf dem III. Wärmesatz fußenden experimentellen Standard-Entropien zumindest für einige Stoffe nicht vorliegen würden.

Die Anwendung der auf dem III. Hauptsatz fußenden Methoden der Entropie-

Bestimmung versagt naturgemäß bei hohen Temperaturen, weil das Integral $\int_0^T \frac{c_v\,dT}{T}$ einen zu großen Fehler bekommt. Die Schwierigkeiten der theoretischen Hochtemperaturchemie > 2000 K haben aber gerade hier ihren Ursprung. Für

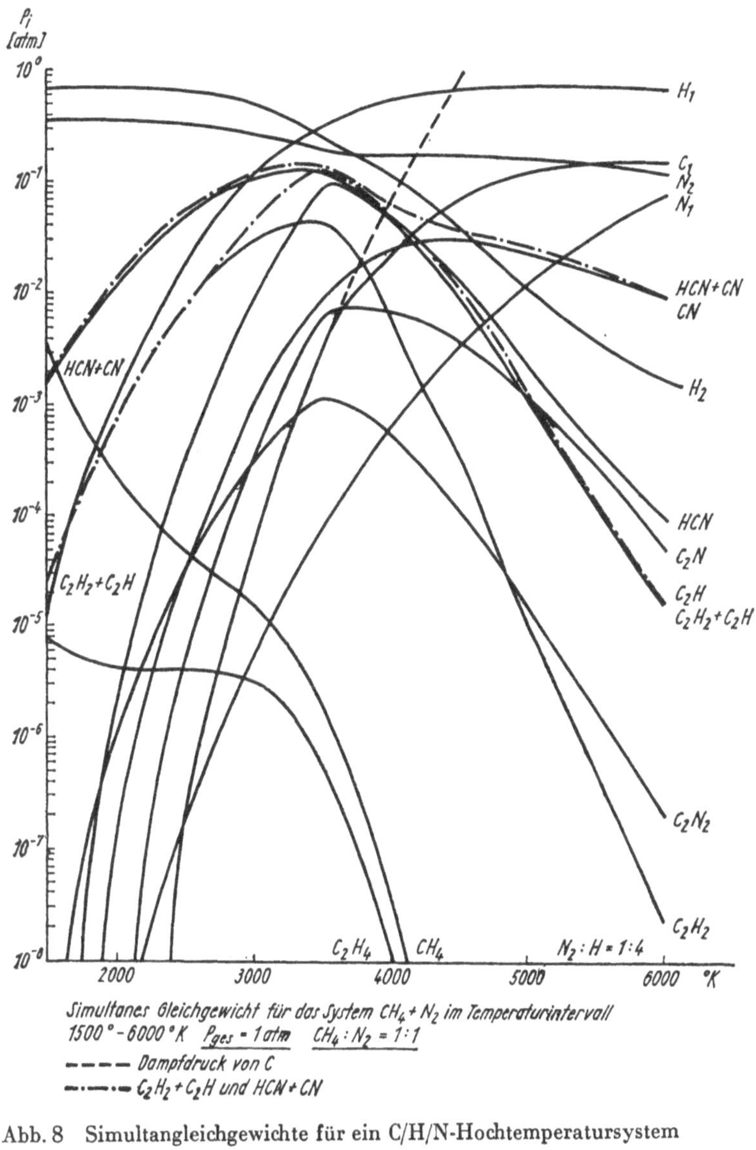

Abb. 8 Simultangleichgewichte für ein C/H/N-Hochtemperatursystem

solche radikalischen Spezies wie C_2H, C_3 C_3H, C_2N fehlen genügend molekulare Daten über Kernabstände, elektronische Anregung usw., um ihre Entropien und Freien Enthalpien zum Zwecke der Berechnung der Zusammensetzung von Molekülplasmen genügend exakt bestimmen zu können. Das C_3-Radikal besitzt z. B. eine Deformationsschwingung von nur $\omega_D = 63\ \text{cm}^{-1}$, damit sind bei 2400 K aber etwa 16,5 cal $\text{grd}^{-1}\ \text{Mol}^{-1}$ an Entropieanteil verbunden. Dementsprechend sind Hochtemperaturgleichgewichte, wie sie auf der Grundlage thermodynamischer Funktionen berechnet worden sind, stets mit gewissen Unsicherheiten behaftet (s. Abb. 8).

Hier kann man gewissermaßen den Zusammenhang zwischen Hochtemperaturchemie und Tieftemperaturkalorimetrie erkennen.

Für alle von mir zuletzt genannten chemischen Systeme sind die Aussagen des III. Wärmesatzes und die damit bestimmten Entropien und Freien Enthalpien von entscheidendem Wert für jede quantitative Behandlung und daran wird sich in absehbarer Zeit auch nichts Wesentliches ändern.

Im Zusammenhang mit dem III. Hauptsatz habe ich nicht behandelt Frage der Physik tiefster Temperaturen, axiometrische Probleme, adiabatische Magnetisierung, ich bin nicht eingegangen auf die Diskussion zwischen NERNST und EUCKEN über die Rolle der chemischen Konstanten, sondern habe bewußt eine Auswahl von Beispielen zusammengestellt, um die vielfältigen Auswirkungen aufzuzeigen, die auf dem Gebiet der Chemie und physikalischen Chemie mit den Aussagen des III. Wärmesatzes in Verbindung zu bringen sind und seine fortwährende Aktualität nachweisen.

Literatur

[1] NERNST, W.: Kgl. Ges. d. Wiss. Göttingen, 1906, Heft 1.
[2] PLANCK, M.: Thermodynamik, Leipzig, 1911, S. 269.
[3] SOMMERFELD, A.: Thermodynamik u. Statistik, Leipzig, 1962, S. 59.
[4] UREY, H. C.: J. Amer. chem. Soc. **45**, 1445, 1923.
[5] SPANGENBERG, H. J.: Habilitationsschrift, Berlin, 1968.
[6] WILKS, J.: „Der dritte Hauptsatz“, Leipzig, 1963.

FSC
www.fsc.org
MIX
Papier | Fördert
gute Waldnutzung
FSC® C083411

Zeitfracht Medien GmbH
Ferdinand-Jühlke-Straße 7
99095 Erfurt, Deutschland
produktsicherheit@kolibri360.de